180

$p

780

DE

L'HYBRIDITÉ

DANS LES VÉGÉTAUX.

———

THÈSE DE PHYSIOLOGIE VÉGÉTALE

PRÉSENTÉE

A LA FACULTÉ DES SCIENCES DE STRASBOURG,

ET SOUTENUE PUBLIQUEMENT

le jeudi 28 novembre 1844, à deux heures,

POUR OBTENIR LE GRADE DE DOCTEUR ÈS SCIENCES,

PAR

D. A. GODRON,

DE HAYANGE (MOSELLE),

Docteur en médecine, Professeur à l'école de médecine et de pharmacie de Nancy, Licencié ès Sciences, etc.

———

NANCY,

IMPRIMERIE DE Vᵉ RAYBOIS ET Cⁱᵉ, RUE SAINT-DIZIER, 125.

1844.

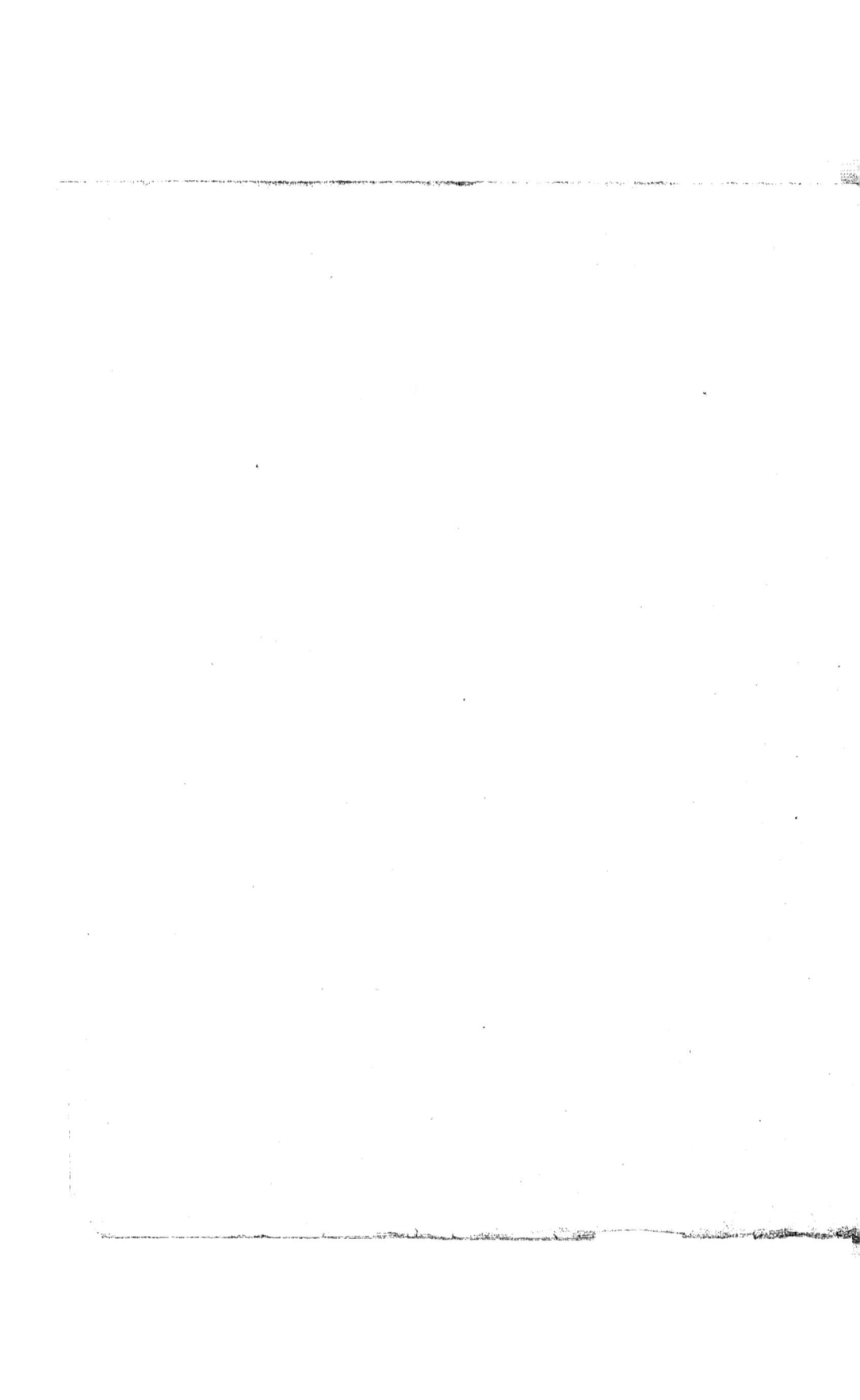

PRÉSIDENT DE LA THÈSE,

M. LEREBOULLET,

PROFESSEUR DE ZOOLOGIE ET DE PHYSIOLOGIE ANIMALE A LA FACULTÉ DE STRASBOURG.

FACULTÉ DES SCIENCES DE STRASBOURG.

Mathématiques pures......................	MM. Sarrus, doyen.
Mathématiques appliquées.................	Sorlin. Finck, suppléant.
Physique...	Fargeaud.
Chimie................................	Persoz.
Zoologie et physiologie animale...........	Lereboullet.
Minéralogie et géologie...................	Daubrée.

Statut universitaire du 9 avril 1825.

Art. 41. Pour chaque thèse le doyen désigne un président parmi les professeurs, devant qui elle sera soutenue. Ce président examine la thèse en manuscrit ; il la signe et il est garant des principes et des opinions que la thèse contient, sous le rapport de la religion, de l'ordre public et des mœurs.

La Faculté a arrêté que les opinions émises dans les dissertations qui lui sont présentées, doivent être considérées comme propres à leurs auteurs, et qu'elle n'entend ni les approuver ni les improuver.

DE L'HYBRIDITÉ

DANS LES VÉGÉTAUX.

La découverte des organes sexuels des végétaux fut sans contredit une des époques les plus brillantes de l'histoire de la botanique; c'est d'elle que datent les immenses progrès de cette belle science, jusque-là dans l'enfance, malgré les travaux des siècles précédents. Cette découverte, non-seulement nous a fait connaître le rôle important que jouent dans la vie de la plante ces organes, considérés par les botanistes anciens comme de simples ornements, dont la nature avait paré les fleurs ; mais, de plus, elle nous a fait voir les rapports qui, relativement à la fonction de reproduction, lient d'une manière si étroite les deux grandes classes d'êtres organisés, les végétaux et les animaux. Cette analogie est si frappante que Camérarius (1), le principal auteur de la démonstration de la sexualité des plantes, se fondant sur quelques exemples bien connus de fécondation bâtarde, entre espèces voisines dans le règne animal, admit immédiatement comme vraisemblable l'existence des végétaux hybrides.

Cette opinion fut partagée par Linné ; mais le célèbre auteur du système sexuel, sans s'étayer d'aucune expérience directe, considéra le fait comme démontré, et crut reconnaître dans la nature un certain nombre de plantes hybrides. Toutefois, oubliant que dans le règne animal l'hybridité ne s'observe jamais qu'entre espèces très-voisines d'un même genre, il crut que des végétaux appartenant à des genres différents et même éloignés,

(1) *Epist. de sexu plant.*, 1694.

pouvaient donner naissance à des hybrides qui, en se propageant, deve-
naient l'origine d'espèces nouvelles. Il est remarquable que parmi les
trente-six exemples de plantes hybrides (1), qu'il a signalées dans ses différents ouvrages (2), il en est à peine deux ou trois que les recherches
modernes aient confirmées ou rendues probables. Mais, si Linné, cessant
de prendre l'analogie pour guide, s'est écarté de la vérité, le fait de
l'hybridité dans le règne végétal n'en est pas moins réel; il a été mis hors
de doute par les expériences que nous allons faire connaître.

Preuves de l'existence des plantes hybrides.—Des expériences directes
pouvaient seules prouver rigoureusement la possibilité de la fécondation
d'une plante par une autre, et la production d'un végétal nouveau tenant
à la fois, par ses caractères des deux espèces génératrices. Kœhlreuter (3),
le premier, entreprit ce travail; dans une série d'expériences, faites sur
diverses espèces des genres *Nicotiana, Verbascum, Datura, Digitalis,*
Lychnis, Cucubalus, Lobelia, Lycium, Linum, Dianthus, Malva, Hibis-
cus, etc., il fit voir que le stigmate d'une plante, ayant été fécondé artificiellement par le pollen d'une autre plante, les graines donnaient souvent naissance à une troisième forme. Treviranus (4), C. F. Gærtner (5),
Knight (6), apportèrent de nouveaux faits, confirmant pleinement ceux
qu'avait observés Kœhlreuter; plus récemment enfin, Sageret (7) réussit à
opérer des fécondations hybrides entre plusieurs plantes de la famille des
Cucurbitacées. Les horticulteurs se sont même emparés de ce moyen
nouveau et ont obtenu du croisement des espèces primitives de *Pelargo-*

(1) Nous ne parlons ici que des hybrides provenues d'espèces distinctes et non de variétés
d'une même espèce. Quant à ces dernières, Linné en connaissait plusieurs exemples bien
réels.

(2) *Amœnit. acad.* 3, p. 28 ; 6, p. 293 ; 10, p. 126 *et Sp. plant.* 1669.

(3) *Volanfige Nachricht von einigen das Geschlecht der Pflanzen,* etc. 1761 et plusieurs
autres travaux insérés dans les *Mémoires de l'Académie de Pétersbourg* 1775-1778.

(4) *Die Lehre von geschlechteder Pflanzen.*

(5) *Nachricht über Versuche die Befruchtung einiger Gewœchse betreffend.*

(6) *Mém. de la société d'hortic. et de la société royale de Londres.*

(7) *Considérations sur la production des hybrides* (Ann. des sciences nat. 8, p. 294.)

nium, un grand nombre de races nouvelles qu'ils propagent de boutures.

Malgré les raisonnements et les faits négatifs par lesquels Schelver et Henschel (1) ont cherché à affaiblir le résultat des expériences précédentes, l'hybridité dans les végétaux est un fait définitivement acquis à la science, fait d'une grande importance, non-seulement parce qu'il montre une analogie nouvelle entre les végétaux et les animaux ; mais surtout, parce qu'il sert de complément à la démonstration de la sexualité des plantes.

Plantes hybrides développées spontanément ; leurs caractères. — Si l'on peut artificiellement obtenir des fécondations hybrides, la nature se charge aussi quelquefois d'en opérer spontanément. Dès 1745, Gmelin observa au jardin botanique de Pétersbourg des hybrides provenues de *Delphinium*, rapportés par lui de Sibérie. Linné vit naître également au jardin d'Upsal deux véritables plantes hybrides ; l'une, engendrée par les *Verbascum Thapsus* et *Lychnitis* (2), l'autre, par les *Tragopogon pratense* et *porrifolium* (3). Villars (4) a vu se produire au jardin de Grenoble le *Ranunculus lacerus*, hybride des *Ranunculus pyreneus* et *aconitifolius*. Ce dernier fait est d'autant plus probant que le *Ranunculus lacerus* avait été observé précédemment à l'état sauvage, par Vialle, dans les Alpes du Piémont, et par Chaix, dans celles du Dauphiné, et que cette espèce est, suivant De Candolle (5), constamment stérile. Les circonstances toutes spéciales, dans lesquelles sont nés les végétaux dont nous venons de parler, ont permis de reconnaître leur hybridité ; mais il n'en est pas de même pour les plantes hybrides développées spontanément dans les campagnes, et ceci nous conduit naturellement à rechercher quels sont les caractères qui permettent de distinguer celles-ci des espèces primitives.

(1) *Von der Sexualitat der Pflanzen.*
(2) *Amœnit. acad.* 6, p. 293.
(3) *Id.* 10, p. 126.
(4) *Flore du Dauph.* 3, p. 733.
(5) *Physiologie végétale*, p. 564.

Les fécondations artificielles d'espèces par d'autres espèces ont jeté quelque jour sur cette question, en démontrant que les plantes hybrides tiennent à la fois de l'un et de l'autre de leurs parents, présentent quelques organes conformés comme ceux de la plante qui dans la fécondation a joué le rôle de mère, en offrent d'autres qui par leur forme rappellent les organes de même nature de la plante qui a rempli l'office de père et offrent aussi des organes qui semblent intermédiaires à ceux des deux plantes génératrices. C'est là déjà un premier caractère qui permettra de soupçonner l'hybridité d'une plante. Mais si l'on observe en outre que cette plante se rencontre rarement dans le même lieu plusieurs années de suite (à moins qu'elle ne soit vivace), jamais en échantillons nombreux et toujours en société avec les deux espèces dont elle porte à la fois les caractères, la démonstration sera complète. C'est en ayant égard à toutes ces circonstances que les botanistes modernes s'accordent à reconnaître quarante et quelques hybrides développées spontanément. Ce nombre s'augmentera sans aucun doute, mais il n'est pas moins remarquable que, depuis plus d'un siècle que les idées des botanistes sont éveillées sur l'existence des hybrides, on n'en ait rencontré qu'un nombre aussi borné. Cela prouve que la fécondation croisée est un phénomène rare dans le règne végétal, circonstance qui se rencontre également, et à un plus haut dégré, dans le règne animal. L'examen des difficultés qui s'opposent à la génération des plantes hybrides et des causes qui empêchent leur propagation lorsqu'elles sont développées, nous rendra raison de la rareté des plantes hybrides.

Examen des circonstances qui s'opposent aux fécondations hybrides. — Tous les expérimentateurs ont reconnu et tous les horticulteurs savent qu'en plaçant à côté l'une de l'autre deux variétés d'une même espèce, des œillets à fleurs blanches et à fleurs rouges par exemple, on obtient, avec la plus grande facilité par la fécondation mutuelle, des œillets panachés qui sont éminemment fertiles. Cela n'a rien qui doive surprendre, puisque la nature du pollen et la conformation du stigmate sont semblables dans les diverses variations d'une même espèce,

C'est là aussi ce qu'on observe dans le règne animal, où les croisements entre les différentes races d'une même espèce sont fréquents et donnent des produits féconds. Mais ces produits ne sont pas de véritables hybrides et ne doivent pas nous occuper.

Tous les observateurs pensent également que la fécondation s'obtient plus difficilement entre deux espèces distinctes; encore faut-il qu'elles soient par leurs caractères très-voisines l'une de l'autre. Aussi toutes les tentatives faites pour opérer une fécondation croisée entre plantes de familles différentes ont constamment échoué; sans cette condition d'affinité l'hybridité est considérée comme impossible et cette loi est encore vraie appliquée aux animaux. Que penser dès lors de l'opinion de Linné (1) qui considérait l'*Actœa spicata alba (Actœa brachypetala* D. C.) comme un produit de l'*Actœa spicata nigra* fécondé par le *Rhus toxicodendrum ?* Et de celle de Henschel (2) qui affirme sérieusement avoir vu une hybride des *Spinacia oleracea* et *Pinus strobus ?*

Mais si cela n'a jamais lieu entre deux plantes qui appartiennent à des familles distinctes, on se demande si deux espèces d'une même famille et de genres très-voisins ne peuvent procréer des hybrides. De tous les végétaux développés spontanément et auxquels les botanistes ont jusqu'ici reconnu les caractères de l'hybridité, il n'en est aucun qui ne provienne de deux espèces du même genre et nous trouvons encore en ceci identité parfaite avec ce qui se passe dans le règne animal.

Mais ce que la nature ne fait jamais d'elle-même, plusieurs expérimentateurs, tels que Kœhlreuter, Gærtner, Knight, Sageret, prétendent l'avoir obtenu en fécondant artificiellement des plantes d'une même famille, mais appartenant à des genres différents. Ces expériences ne nous paraissent cependant rien moins que concluantes.

Et d'abord celles de Kœhlreuter ont été faites sur des genres de la famille des Malvacées; elles n'ont réussi que très-rarement et seulement sur des genres qui présentaient entre eux la plus grande analogie. Ces

(1) *Amœnit. acad.*
(2) *Von der Sexualitat der Pflanzen.*

résultats, quoique peu nombreux, ne peuvent cependant pas être contestés; la véracité de Kœhlreuter a été mise hors de doute par les observateurs qui sont venus après lui et un seul des faits constatés par cet auteur suffirait pour prouver la possibilité de l'hybridité entre plantes de genres différents, si les considérations auxquelles nous allons nous livrer n'en affaiblissaient singulièrement la valeur. On sait que beaucoup de genres établis par Linné, ont été conservés à peu près tels qu'il les avait établis et cela a eu lieu pour les principaux genres réunis depuis dans la famille des Malvacées. Le célèbre botaniste suédois, qui avait pris pour base principale des classes et des ordres de son système sexuel le nombre des étamines et des pistils, a été naturellement conduit à adopter comme caractère générique le nombre des parties des enveloppes florales. Mais on sait maintenant combien le nombre des étamines et des pistils, celui des divisions du calice et de la carolle est sujet à varier dans beaucoup de familles. C'est, en s'appuyant sur des observations de cette nature et en remarquant combien les espèces sont grouppées peu naturellement dans un certain nombre de genres établis exclusivement sur le nombre des parties de la fleur, que plusieurs auteurs ont cru devoir réunir plusieurs genres ou les circonscrire autrement qu'ils ne l'avaient été jusqu'à eux. C'est ainsi que le professeur Nestler (1), à l'exemple de Sibthorp, a réuni le genre *Tormentilla* au genre *Potentilla*; que nous-même, dans un travail spécial sur les Alsinées (2), avons proposé des modifications dans la distribution des espèces de cette famille dans les différents genres, etc. Si maintenant l'on considère sous le même point de vue les genres de la famille des Malvacées, tels qu'ils sont généralement admis, il ressortira de cet examen que ces genres sont loin d'être tous naturels et que quelques-uns d'entre eux ne reposent même que sur des caractères d'une mince valeur. Ainsi

(1) *Commentatio de Potentilla.*
(2) Mém. de la société royale des sciences, lettres et arts de Nancy, 1841.

les genres *Malva, Althœa, Lavatera* (1) ont été établis exclusivement sur la considération du nombre des parties d'un organe, le calicule, qui n'a pas même, relativement à l'économie de la plante, autant d'importance que le calice et la corolle. Il résulte des considérations précédentes que les genres de la famille des Malvacées, tels qu'ils ont été établis jusqu'aujourd'hui sont pour la plupart purement artificiels et il est vraisemblable que les espèces appartenant à des genres différents et que Kœhlreuter a vu produire entre elles des hybrides, seront plus tard réunies dans un seul et même genre naturel. L'hybridité entre genres différents pourrait donc être considérée comme une preuve que ces genres ont été établis sur des caractères insuffisants.

Gærtner a fécondé artificiellement des *Datura* et des *Hyoscyamus* par des *Nicotiana*; des *Hyoscyamus* et des *Nicotiana* par des *Datura*, etc. Ces expériences sont moins concluantes encore que celles de Kœhlreuter; car elles manquent de sanction, Gærtner n'ayant pas, depuis 1827 époque où ces essais ont eu lieu, publié les résultats qu'il a obtenus en semant les produits de ces fécondations hybrides (2). Du reste, de son aveu, les fleurs ainsi fécondées ont rarement donné des fruits et lorsque ceux-ci se sont développés, le plus souvent les graines étaient dépourvues d'embryon.

Knight a obtenu une hybride de l'amandier fécondé par le pêcher; mais les deux genres *Amygdalus* et *Persica* sont-ils réellement distincts? Ils ne l'étaient ni pour Linné, ni pour Lamarck qui nommaient le pêcher *Amygdalus Persica*.

Sageret a fait connaître à son tour un produit de la fécondation du *Raphanus sativus* par le *Brassica oleracea*. Mais il nous semble évident, d'après les détails que l'auteur donne sur cette singulière production,

(1) Le calicule est à 3 divisions, quelquefois à 5-6, dans le genre *Malva*; il en a de 3 à 6 dans le genre *Lavatera*; enfin il est à 6 ou à 9 parties dans le genre *Althœa*. Il n'y a là rien de fixe, rien de rigoureux.

(2) M. Gærtner publie en ce moment un ouvrage intitulé *Beiträge zur Kenntniss der Befruchtung*, *Stuttgart* 1844 et dont la première partie vient de paraître; l'auteur annonce qu'il consignera dans le second volume ses observations sur les plantes hybrides.

qu'il s'agissait simplement d'une monstruosité du *Raphanus sativus*. Le végétal observé *fructifiait difficilement ; il présentait quelques capsules simples, mais peu apparentes et qui contenaient tout au plus une seule graine, tantôt mal, tantôt bien conformée. D'autres fruits plus développés étaient placés deux à deux sur chaque réceptacle ; l'un ressemblait à la silique du chou, l'autre à celle du radis et chacune d'elles ne renfermait qu'une seule graine. Ces graines ont été semées et ont produit des individus faibles qui ont été négligés.* La présence de deux siliques sur un même réceptacle, le demi-avortement de ces organes sont vraisemblablement le résultat d'un arrêt de développement, du défaut de soudure entre les deux feuilles carpellaires qui forment le fruit de toutes les Crucifères; ce serait par conséquent une monstruosité, un bec-de-lièvre végétal que Sageret aurait observé. Mais en supposant même que deux ovaires pussent se développer dans une même fleur de Crucifère, comme quelques auteurs affirment l'avoir vu sur des végétaux à fleurs habituellement monogynes, sur les Drupacées par exemple (1), il resterait encore à rechercher à quels caractères Sageret a reconnu le fruit du *Brassica* dans une silique demi avortée et qui ne renfermait qu'une graine ; il ne dit pas que cette silique présentât deux valves et deux loges latérales séparées par une cloison, ce qui différencie d'une manière nette les siliques d'un *Brassica* de celles d'un *Raphanus*, et cependant ces détails sont indispensables pour juger la valeur du fait et les conclusions qu'il en a déduites. Nous ajouterons

(1) Que dans les Drupacées il puisse accidentellement exister deux ovaires dans une même fleur, cela n'aurait rien de contraire aux lois connues de l'organographie. Mais il est douteux, pour nous, que telle soit l'origine des deux cerises ou des deux prunes que l'on rencontre souvent soudées ensemble et placées sur un même pédoncule; nous avons plusieurs fois examiné avec attention ces fruits géminés et nous avons aperçu des traces de la soudure de deux pédoncules, ce qui doit faire penser que les deux fruits proviennent de deux fleurs distinctes et qu'ils se sont soudés en raison de leur rapprochement, comme cela s'observe constamment dans certains *Lonicera*.

encore, pour démontrer combien ce fait est peu probant, qu'aucune des plantes hybrides connues, soit qu'elles aient été obtenues par l'art, soit que la nature ait fait tous les frais de leur production, n'a montré sur le même rameau, encore moins sur la même fleur (1), un même organe conformé tantôt comme celui de la plante qui a servi de père, tantôt comme celui de la plante qui a servi de mère.

La conclusion qu'il est permis de tirer de tous ces faits c'est que les plantes appartenant à deux genres réellement différents d'une même fa-

(1) Il est toutefois deux faits, qui, s'ils appartiennent réellement à des végétaux hybrides, infirmeraient la valeur de ce dernier argument et démontreraient que, du moins sur des rameaux différents d'une même plante, il peut exister à la fois des fleurs ou des fruits semblables à ceux de deux espèces distinctes. Sageret (*Ann. de la soc. d'hort. de Paris*, 2 p. 153) a vu un melon dont une branche portait des fruits analogues à ceux du melon maraîcher et toutes les autres branches des fruits du melon de la Chine. Le second fait, plus curieux encore, a été observé à Strasbourg et a été consigné par M. Buchinger dans le *Flora oder botanicon Zeitung* et par M. Kirschleger dans le journal l'Institut. Il s'agit d'un pied de *Cytisus Adami Poir.* dont la plupart des rameaux offrent des feuilles et des inflorescences semblables à celles du *Cytisus Laburnum*, mais dont les fleurs sont tout-à-fait pourpres sur certaines grappes, tout-à-fait jaunes sur d'autres et offrent également des grappes dont les fleurs ont des couleurs intermédiaires entre le jaune et le pourpre; il existe aussi sur le même pied des rameaux dont les feuilles, les fleurs et le mode d'inflorescence sont identiques avec ce que l'on observe dans le *Cytisus purpureus*. Il est difficile de rendre raison de ces faits, s'ils ne résultent pas de greffes artistement faites dans le but d'en imposer ; on connaît le goût de certains jardiniers pour le merveilleux. Toutefois Sageret n'émet aucun soupçon de fraude et croit pouvoir expliquer ce phénomène curieux en admettant que la graine, qui a produit le melon objet de ses observations, avait été fécondée à la fois par le pollen propre et par un pollen étranger. Ce serait alors un nouveau genre d'hybridité, différent de celui dont il a été jusqu'ici question dans ce travail. Peut-être pourrait-on aussi admettre que, dans cette double fécondation, il y a eu formation de deux embryons, qui, se trouvant serrés l'un contre l'autre, au moment de la germination, se seraient soudés en un seul corps, formant ainsi une greffe naturelle. L'existence de deux embryons dans un même ovule est non-seulement possible, mais s'observe même fréquemment sur certains végétaux, sur l'oranger, par exemple. Enfin, en admettant l'action seule d'un pollen étranger, ne pourrait-on pas considérer les deux faits que nous venons de citer comme des exemples de retour à la fois au type paternel et au type maternel ? mais ce sont là de simples hypothèses, et de nouvelles recherches sont nécessaires pour arriver à dissiper l'obscurité qui enveloppe cette question. Sa solution, du reste, ne peut fournir aucune preuve contraire à l'opinion que nous soutenons, savoir, que l'hybridité ne peut vraisemblablement avoir lieu qu'entre espèces du même genre naturel.

mille ne produisent pas spontanément d'hybrides et qu'il est fort douteux qu'on puisse en obtenir par la fécondation artificielle.

Toutes les espèces d'un même genre ne sont pas par cela même toujours propres à se féconder mutuellement. Le résultat des fécondations artificielles a permis d'établir cette loi, qu'on obtient d'autant plus facilement des produits croisé que les espèces génératrices se ressemblent à un plus haut degré. Mais si cette condition suffit lorsque l'art intervient, il en est tout autrement pour les hybrides qui se développent spontanément.

Il faut d'abord, pour que la fécondation adultérine ait lieu entre deux espèces d'un même genre, que la fécondation naturelle ne s'opère pas avant l'épanouissement de la fleur, cette circonstance rendant nécessairement impossible le transport en temps opportun du pollen de l'une sur le stigmate de l'autre. Or un certain nombre de familles, celles des Solanées et des Caryophyllées par exemple, offrent précisément cette circonstance. Aussi n'a-t-on observé jusqu'ici aucune hybride spontanée entre les espèces qui les composent. L'hybridité naturelle n'est donc possible que pour les végétaux dont la fécondation naturelle n'a lieu qu'après l'ouverture de la fleur. Mais comme ceux-ci sont de beaucoup les plus nombreux, il semblerait que les exemples d'hybridité naturelle devraient être très-fréquents, surtout dans les jardins botaniques où les plantes se trouvent classées par genre et d'après leur plus grand degré d'analogie. Cependant les fécondations hybrides ne s'opèrent que très-rarement dans la nature libre. Cela vient de ce que le pollen propre est nécessairement mieux adapté à la structure du stigmate, et que son influence est prépondérante sur celle du pollen étranger.

Il est donc permis de penser que l'hybridité naturelle ne peut guère avoir lieu que dans les cas où les étamines d'une plante sont détruites, soit par un état maladif, soit par avortement, à moins toutefois qu'on ne suppose que quelques-uns des ovules d'un même ovaire puissent être fécondés par un pollen étranger, en même temps que les autres le seraient par le pollen propre. Quelques expériences de fécondation artificielle, faites par Knight et Sageret, dans le but d'éclairer cette question ont démontré d'une manière positive que les diverses graines d'un même fruit peuvent recevoir une fécondation différente (1). Il en est peut-être ainsi dans les hybrides spontanées.

Enfin pour que deux espèces produisent spontanément des hybrides, il faut encore qu'elles vivent en société et fleurissent à la même époque. Mais, ces deux circonstances ne se rencontrent pas souvent, si ce n'est dans les genres *Verbascum* et *Cirsium* dont les espèces vivent ordinairement en famille et fleurissent pendant longtemps. Or, ce sont précisément les deux genres qui jusqu'ici ont fourni le plus grand nombre d'hybrides.

Il est facile d'après toutes ces considérations de comprendre pourquoi les fécondations hybrides naturelles sont aussi rares.

Influence exercée sur les organes des produits hybrides par chacune des deux espèces génératrices. — Les fécondations artificielles devaient naturellement jeter quelque jour sur cette question; aussi, nous appuirons-nous sur elles pour chercher à l'éclairer. Or, il résulte de ces expériences que les hybrides ont des rapports plus étroits avec leur mère qu'avec leur père. Quelques faits recueillis par Herbert, par Allioni et par De Candolle, tendent également à démontrer que les hybrides ressemblent plus à leur mère par les organes de la végétation, et plus à leur père par ceux de la reproduction. Mais il résulte de cette circonstance que le rôle que jouent deux espèces dans la fécondation croisée, se trouvant interverti, ils peuvent produire deux hybrides distinctes. C'est, en effet, ce qu'a obtenu Sageret par la fécondation réciproque du melon chaté et du melon cantaloup; les deux hybrides obtenus étaient bien distincts et se rapprochaient l'un et l'autre beaucoup plus de leur mère que de leur père. Il ne semble pas, toutefois, que ces doubles produits hy-

(1) Il est un fait qui, s'il est authentique, prouverait que dans le règne animal deux fécondations différentes peuvent avoir lieu l'une immédiatement après l'autre et fournir à la fois dans une même portée deux produits distincts ; c'est celui d'une femme des Etats-Unis qui accoucha de deux jumeaux dont l'un était nègre et l'autre blanc.

brides soient fréquents dans la nature, et il n'en existe pas d'autre exemple à ma connaissance que celui des deux hybrides des *Geum urbanum* et *rivale*, qui ont été décrites, l'une sous le nom de *Geum rubifolium Lej.* (*G. urbano-rivale*); l'autre, sous celui de *Geum intermedium Willd. non Ehrh.* (*G. rivali-urbanum*) (1). On peut être surpris de la rareté de cette double production hybride parmi les végétaux ; mais les recherches de M. Adolph. Brogniart (2), sur les granules du fovilla permettent de l'expliquer. Cet habile observateur a découvert que ces granules, auxquels il attribue dans la fécondation végétale le même rôle qu'aux animalcules spermatiques des animaux, ont, en général, un volume différent dans les diverses espèces et une forme distincte dans chaque genre. On comprend dès lors, que si ces granules sont, comme le pense M. Brogniart, exactement adaptés aux méats intercellulaires du pistil, une espèce puisse en féconder une autre sans pouvoir être fécondée par elle. Cela expliquerait aussi pourquoi l'hybridité est si difficile, pour ne pas dire impossible, entre espèces appartenant à deux genres naturels.

Les hybrides sont-elles fécondes et peuvent-elles être l'origine d'espèces nouvelles permanentes? — Linné avait résolu cette question par l'affirmative ; mais nous savons déjà qu'il prenait des espèces primitives pour des hybrides, et, dès lors, son opinion n'a plus aucun appui. Les fécondations artificielles ont donné des produits qui, le plus souvent, ont été stériles ; mais il existe aussi des exemples bien démontrés d'hybrides qui se sont reproduites de graines ; c'est ce qu'ont observé d'une manière positive Kœhlreuter, Sageret et Lyndley. Mais, en même temps, ces expérimentateurs s'accordent à reconnaître que les hybrides fructifient difficilement et jamais abondamment; que leurs graines ne lèvent qu'avec lenteur, et que ces produits adultérins s'éteignent après deux ou trois générations, soit que la fécondation n'ait plus lieu, soit qu'ils reviennent au

(1) On connaît aussi un fait semblable dans le règne animal : l'anesse fécondée par le cheval donne le mulet ; la jument saillie par l'âne produit le jumar.

(2) Ann. des sci. nat. t. 12, p. 14, 145 et 225 ; t. 13, p. 149.

type maternel, comme Gærtner, Knight et Wiegmann en ont vu des exemples (1). Les résultats de l'expérimentation sont, du reste, pleinement confirmés par l'observation des hybrides développées spontanément; la plupart de celles dont on a examiné les graines ont paru stériles.

Les hybrides tendent sans cesse à périr et ne peuvent donc pas être les types d'espèces nouvelles permanentes. On sait aussi que dans le règne animal les métis sont stériles ou le deviennent après quelques générations. La stérilité originelle ou la fécondité temporaire des hybrides est donc un fait général qui nous fournit encore un caractère bien tranché de l'hybridité. C'est ainsi que la nature, en permettant accidentellement une dérogation aux lois établies par elle, y ramène impérieusement les végétaux et les animaux et empêche ainsi la confusion des espèces primitives.

(1) Ces faits constituent l'argument le plus puissant qu'on puisse faire valoir pour combattre une théorie physiologique, soutenue avec talent par MM. Schleiden et Endlicher et qui a pour objet le mode de reproduction des végétaux. Selon ces habiles observateurs, l'embryon est formé par l'extrémité du tube pollinique et ne reçoit de l'ovule aucun principe fécondant , mais se soude au nucleus, dont il tire seulement les matériaux nécessaires à son développement. D'après cette théorie, l'acte de la reproduction ne serait pas une véritable génération , mais simplement une greffe. Si cette théorie, du reste contraire à l'analogie, était vraie , il est évident que le pollen d'une espèce, déposé dans le nucleus d'une autre espèce, devrait donner naissance à un végétal semblable à celui qui a fourni le tube pollinique et ne présentant aucune ressemblance importante avec le végétal qui a reçu l'embryon tout formé dans la cavité de son nucelle; or il n'en est pas ainsi, et du reste, dans la théorie de Schleiden on s'explique encore plus difficilement le retour des hybrides au type maternel, reconnu par les auteurs que j'ai cités. De ces considérations il est permis de conclure que les faits sur lesquels M. Schleiden appuie sa théorie ne sont que des illusions, d'autant plus faciles qu'il s'agit d'examiner des organes infiniment petits, et que le défaut de transparence ordinaire près du micropyle et au sommet du nucelle rendent ce genre d'observations très-difficile.

APPENDICE.

Plantes hybrides de la Flore de Lorraine. — Dans le tableau qui va suivre, des végétaux hybrides observés jusqu'ici en Lorraine, nous suivrons l'ordre de la classification naturelle qui nous conduit tout d'abord à parler d'une hybride tout à fait nouvelle, observée par nous cette année, et qui appartient à un genre où jusqu'ici on n'en connaissait pas d'exemple certain.

1. *Viola adulterina Nob.*— Fleurs blanches avec l'éperon violet, inodo- res; pédoncules munis ordinairement au-dessus de leur milieu de deux bractéoles linéaires aiguës et ciliées ; sépales ovales-oblongs, arrondis au sommet; pétale inférieur un peu échancré, les autres entiers ou fai- blement émarginés ; les deux latéraux fortement barbus. Feuilles vertes ; les radicales en cœur, profondément échancrées à la base ; les cauli- naires plus petites, subréniformes, non acuminées; stipules lancéolées- acuminées, ciliées-glanduleuses, soudées au pétiole par leur base. Une ou plusieurs tiges latérales couchées, non radicantes, herbacées, portant des fleurs l'année même de leur développement. Rhyzome court, noueux, écailleux, rameux. — Cette violette est une hybride des *Viola hirta L.* et *alba Besser*, avec lesquels elle croît en société; elle a tout à fait le port du *V. alba* et lui ressemble en outre par la position de ses bractées, par ses tiges latérales herbacées et fleuries; elle se rapproche du *V. hirta* par la couleur de ses feuilles, par ses fleurs inodores et par ses pétales latéraux fortement barbus.

Hab. Nancy (bois de Boudonville, sur le calcaire jurassique); très- rare. *v.* avril.

Nota. Par les caractères qu'elle présente, cette plante doit avoir pour mère le *V. alba* et pour père le *V. hirta*. Elle nous présente les ca- ractères de l'hybridité, puisque par la forme de ses organes elle tient à la fois des deux espèces que nous venons de nommer; elle se rencontre en société avec elles ; mais malgré toutes nos recherches et bien que la plante soit évidemment vivace, nous n'avons pu en rencontrer qu'un petit nombre d'échantillons. Nous ne savons pas si elle est fertile.

2. *Medicago media Pers.* — Cette plante que Willdenow rapporte comme variété au *Medicago sativa* et Smith au *Medicago falcata* est une hybride de ces deux espèces, comme l'ont reconnu Wallroth, de Candolle et la plupart des auteurs modernes. De Candolle l'a dit stérile; nous l'avons rencontré plusieurs fois avec des fruits bien conformés et des graines pourvues d'embryon.

Hab. Nancy (sur le calcaire jurassique et l'alluvion) en société des *Medicago sativa* et *falcata*. *v.* Juin-août.

3. *Carduus acanthoïdes L.* — Si l'on en croit les auteurs de flores locales, cette plante serait commune en France ; mais nous n'avons jamais reçu sous ce nom que des variétés du *Carduus crispus*. Nous avons plusieurs fois observé un *Carduus* qui se rapporte en tous points à la description que Linné donne du *Carduus acanthoïdes* et nous l'avons indiqué sous ce nom dans la Flore de Lorraine. Cette plante nous paraît être, ainsi que Linné le pensait déjà, une hybride des *Carduus crispus* et *nutans* au milieu desquels elle se rencontre. Elle ne s'est pas reproduite dans les lieux où nous l'avions observée. Elle atteint une taille assez élevée et a une vigueur de végétation remarquable, circonstances que du reste les plantes hybrides offrent ordinairement, comme Sageret l'a observé et qui semble être un résultat de la stérilité de leurs graines.

Hab. Nancy (bords des routes). ⊙. Juillet-août.

4. *Carduus rigens Nob. Flore de Lorraine* 2, *p.* 40. — Hybride des *Carduus oleraceus* et *acaulis.*

Hab. Mirecourt (bords des routes). *v.* Juillet-août.

5. *Carduus hybridus Steud.* — Hybride des *Carduus palustris* et *oleraceus.*

Hab. Bitche : *Schultz.* ☉. Juillet-août.

6. *Hieracium Schultesii Schultz.* — Hybride des *Hieracium Auricula* et *Pilosella.* Cette plante est très-remarquable par la vigueur de sa végétation ; elle se propage facilement de drageons et, suivant M. Schultz, elle ne porte jamais de graines (1).

Hab. Bitche : *Schultz.* ♃. Mai-juillet.

7. *Verbascum ramigerum Schrad.* — Hybride des *Verbascum Thapsus* et *Lychnitis.*

Hab. Bitche : *Schultz.* Nancy (vallon de Champigneules). ☉. Juillet-août.

8. *Verbascum spurium Koch Syn.* — Hybride des *Verbascum Schraderi* et *Lychnitis,* nouvelle pour la flore française.

Hab. Nancy (carrières de Clairlieu). ☉. Juillet-août.

9. *Verbascum schiedeanum Koch Tasch.* — Hybride des *Verbascum nigrum* et *Lychnitis,* également nouvelle pour la flore française.

Hab. Nancy (Fonds de Toul). ☉. Juillet-août.

10. *Digitalis purpurascens Roth.* — Est une hybride du *Digitalis lutea* fécondé par le *Digitalis purpurea.* MM. A. de St-Hilaire et Rœper disent cette plante stérile. Nous avons également observé, sur un pied qui a fleuri en 1843 au jardin botanique de Nancy, que les fruits, bien que régulièrement développés, ne renfermaient que des graines avortées.

---

(1) C'est à tort que dans la Flore de Lorraine nous avons dit, qu'entre les mains de M. Schultz, cette plante s'était toujours reproduite de graines avec ses caractères; ceci s'applique au *Hieracium brachiatum.*

Hab. Vosges (Sainte-Marie-aux-Mines : *Mühlenbeck;* château de Lands-
berg : *Kirschleger*). ⊝. Juin-août.

11. *Primula variabilis Goupil.* — Cette plante nous paraît être déci-
dément une hybride du *Primula grandiflora* fécondé par le *Primula officinalis*. Elle ne se rencontre jamais que dans les lieux où végète le *Primula
grandiflora*, mais en échantillons infiniment moins nombreux et, comme
le *Primula officinalis* croît partout, cette dernière espèce lui tient nécessairement compagnie. Cela est vrai non-seulement pour les environs
de Nancy, où j'observe depuis plusieurs années le *Primula variabilis*,
mais également pour toutes les autres localités françaises où croît le
Primula grandiflora. Tous les auteurs, qui ont signalé dans leurs flores
l'existence de cette dernière espèce, lui donnent une variété, qu'ils in-
diquent comme rare et qu'ils nomment tantôt *var. caulescens*, tantôt
var. umbellifera. Or cette prétendue variété est précisément notre *Primula variabilis*. Il se rapproche du *Primula officinalis* par la couleur
de sa fleur, par son calice évasé au sommet, par la forme de la capsule
et sa longueur relativement au tube du calice ; il rappelle le *Primula
grandiflora* par la grandeur de sa corolle et par la forme de ses feuilles.
Le *Primula variabilis* fructifie rarement chez nous ; je n'ai pu jusqu'ici
en observer qu'une seule capsule, tandis que les *Primula grandiflora*
et *officinalis* fructifient abondamment près de lui. Il nous semble donc
offrir tous les caractères de l'hybridité.

Hab. Nancy (bois de Malzéville, sur le calcaire jurassique inférieur).
v. Mars-avril.

12. *Carex fulva Good.* — Cette plante ayant toujours les fruits stériles, se rapprochant par ses caractères des *Carex hornschuchiana* et
distans et se rencontrant toujours au milieu d'eux, nous semble être
une véritable hybride de ces deux espèces. Si dans le *Carex fulva* la
bractée inférieure atteint ou dépasse même l'épi mâle, cela tient à cette

tendance qu'ont les organes de la végétation de prendre un grand développement dans les plantes hybrides.

Hab. Bitche : *Schultz.* ♃. Mai.